见识城邦

更 新 知 识 地 图　拓 展 认 知 边 界

企鹅
科普

（第一辑）

# 泡沫

［英］海伦·切尔斯基 著　［英］克里斯·摩尔 绘　孙泽璟 译

中信出版集团 | 北京

图书在版编目（CIP）数据

泡沫 / (英) 海伦·切尔斯基著 ; (英) 克里斯·摩
尔绘 ; 孙泽璟译. -- 北京 : 中信出版社, 2021.3
(企鹅科普. 第一辑)
书名原文: Ladybird Expert: Bubbles
ISBN 978-7-5217-2429-5

Ⅰ.①泡… Ⅱ.①海… ②克… ③孙… Ⅲ.①泡沫—
青少年读物 Ⅳ.①O648.2-49

中国版本图书馆CIP数据核字(2020)第217406号

Bubbles by Helen Czerski with illustrations by Chris Moore
First published in Great Britain in the English language by Penguin Books Ltd.
Published under licence from Penguin Books Ltd. Penguin (in English and Chinese) and the Penguin logo
are trademarks of Penguin Books Ltd.
Simplified Chinese translation copyright © 2021 by CITIC Press Corporation
ALL RIGHTS RESERVED

**泡沫**

著　　者：〔英〕海伦·切尔斯基
绘　　者：〔英〕克里斯·摩尔
译　　者：孙泽璟
出版发行：中信出版集团股份有限公司
　　　　　（北京市朝阳区惠新东街甲 4 号富盛大厦 2 座　邮编　100029）
承　印　者：北京尚唐印刷包装有限公司

开　　本：880mm×1230mm　1/32　　印　张：1.75　　字　数：17千字
版　　次：2021 年 3 月第 1 版　　　　印　次：2021 年 3 月第 1 次印刷
京权图字：01-2020-0071
书　　号：ISBN 978-7-5217-2429-5
定　　价：188.00 元（全 12 册）

# 什么是泡沫？

泡沫非常美丽，但这种美丽转瞬即逝。它们有趣、灵动却又脆弱，还有点变幻莫测。虽然人们对泡沫都很熟悉，但很少有人会问：它们到底是什么？

简单说来，泡沫是被包裹在液体中的一小团气体。它们之所以能存在，是因为不同的物态之间存在界限。当某种气体和某种液体相遇时，除非双方都变成纯气体或纯液体，否则不能融合。于是，就产生了液体包住一团气体这样的混合物。

很久很久以前，人类就对泡沫的魅力有所了解。古代苏美尔人曾用一个词来形容泡沫：gakkul。这个词经常出现在痛饮时吟咏的祝酒歌中，也可直译为"欢乐"。显然，畅饮一杯充满泡沫的啤酒让人觉得欢乐和满足。

在英国，随着维多利亚时代的到来，泡沫换了一种形态，开始出现在公众生活中，那就是肥皂泡。那时，人们执着于清洁，对肥皂非常着迷，英国的肥皂消费量从1801年的2.5万吨增加到1861年的10万吨。人们用肥皂洗去细菌，泡沫也随之飘进了每个人的生活中，并且在第一次工业革命刚开始时一度成为新生活方式和价值取向的象征。

西方许多伟大的科学家都曾认真地研究过泡沫，包括瑞利勋爵、艾萨克·牛顿、罗伯特·胡克和艾格尼斯·普克尔斯（Agnes Pockles）等。这些先贤意识到，通过泡沫，我们可以认识物质世界的本质，于是他们把泡沫戳破，倾听它们破裂的声音，并开始思考泡沫的本质。自那以后，越来越多关于泡沫的奥秘被解开。人们惊奇地发现，这种球状的液体和气体的组合可以表现出一些液体或气体无法单独表现出的特性。

总而言之，请各位谨记本书的第一要义：永远不要小瞧泡沫。

# 肥皂

大多数人来到这个世界后，遇到的第一种泡沫几乎都是肥皂泡。这种泡沫很容易产生，而且玩起来很有趣，但它们的结构真的极其简单。换个角度想，它们能够存在，真是让人感觉有点不可思议。肥皂泡是被包裹在一层非常薄的水膜里的一小团空气，在水膜的内外表面还覆盖着一层肥皂分子。如此一来，水膜就不会直接接触空气。水膜的厚度只有 0.001 毫米，整个肥皂泡全靠这种双层保护膜保持稳定。

肥皂泡通常是球形的，因为在包含相同体积气体的情况下，与其他形状相比，球形的表面积最小。但是，泡沫真正的美丽之处在于其斑斓的色彩。肥皂膜的厚度非常接近光的波长。当光线在膜壁之间反射时，一些颜色的光会被增强，而另一些颜色的光则会被抵消。我们看到的颜色取决于当时观看的角度和肥皂膜的局部厚度。

由于重力作用，包裹气体的薄薄水层会逐渐向泡沫下部汇聚（同时有些水分会从表面蒸发）。甘油可以减缓水向下汇聚的速度，所以制作肥皂液时经常会添一些甘油。在肥皂液中加入染料不会改变泡沫的颜色，因为肥皂膜中的水分太少，不足以形成足够厚的水层，无法吸收特定光谱，即无法呈现出染料的颜色。但是，日本宇航员山崎直子曾在国际空间站吹出过有颜色的泡沫。这是因为在重力为零的情况下，水层更厚，而且不会向下汇聚，所以泡沫中的水分可以呈现出染料的颜色。

肥皂泡虽然漂亮，但仅仅是个开始。真正的泡沫世界在水下。那里的泡沫都是"野生泡沫"，它们更加"狂野"，也更加有趣。

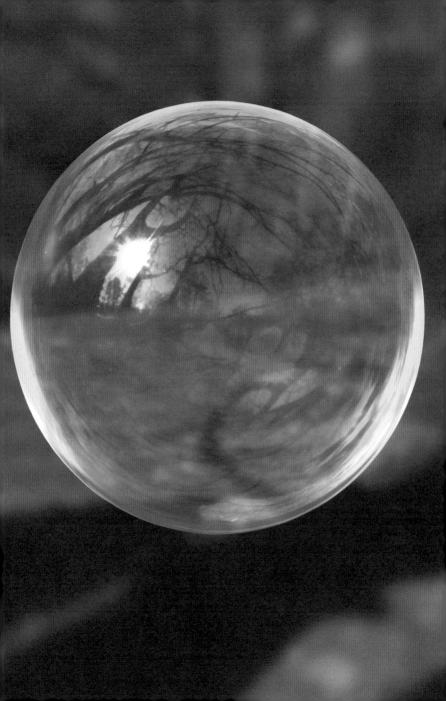

# 泡沫的形状

水下的泡沫虽然比肥皂泡更难观察，但有更多的特性可以探索。两者最明显的区别在于它们的形状。

水下极少会出现完美的球形泡沫，绝大多数水下泡沫的形状是由多种无形的力塑造的。这些力处于竞争关系，每一种都试图压过其他的，所以泡沫表面会因此不断变换形状。

最简单的泡沫呈球状，是因为只有两种力相互作用，此时的泡沫能保持良好的平衡：泡沫内部的气体压力向外推动的同时，表面张力（水的表面表现得像弹性薄膜一样的力）向内挤压表面，以缩小表面积。随着泡沫内部的气体受到挤压，体积变小，内部压力因此增加，直到内外两种力达到平衡状态，就会形成一个完美的球形泡沫。

但只有在零重力的条件下，才能出现这种完美的球形泡沫。在地球上，重力将水向下拉，迫使气泡上升。于是出现了第三个参与者，那就是泡沫周围与泡沫表面接触的液体。

在上升的过程中，较大的泡沫会被压成"球冠"状，而且泡沫越大，就越像伞。湍急的水流中有许多漩涡和微小的水流，它们可以将泡沫拉伸或挤压成许多奇怪的形状，甚至将它们一分为二。这些来自液体的压力不断与泡沫的表面张力和内部压力相互作用，改变着泡沫的外形。

几乎所有的泡沫形状都是一个"正常"的球形泡沫的变形。但也有例外，大自然中就有一位艺术家，可以制造出"非正常"形状的泡沫，那就是海豚。

# 海豚与环形泡沫

对于海豚来说，泡沫是一种很有趣的玩具。许多种类的海豚和鲸都非常善于吹泡泡，它们甚至学会了如何制造出形状特别的泡沫：环形泡沫。这些泡沫呈弯成一个圈的管状，就像是水下的甜甜圈或烟圈，在水中像是活物般不断扭动着形体，堪称奇观。

这些环形泡沫之所以能保持奇怪的形状，是因为它们本质上只是一股不断旋转着的甜甜圈状水流的核心。想要制造出这样的泡沫，最简单的方法是在吹出一个正常的泡沫时，在最后突然加压，这样在泡沫形成前的最后一刻会有一股水流从泡沫的中间穿过去。然后，这股水流将绕着环形泡沫的外表面流动，并从中心回流，如此一圈又一圈地旋转，形成一个弯曲为圆形的漩涡。这个环形泡沫会向前移动，不停地旋转。随着它的移动，环体覆盖面积会越来越大，但环会越来越细。这在实验室里很难做到，但海豚却是制造这种泡沫的天才。不论是野生的还是人工繁育的海豚，都会制造环形泡沫。另外，它们经常击打这些泡沫，把它们打破，或者直接从新吹的泡沫中间游过去。

只要稍加练习，游泳者和潜水者也可以在水下制造出环形泡沫。但跟海豚比起来，我们只是在班门弄斧。

# 反泡沫

1932年，英国南安普敦一个学校的校长威廉·休斯牧师发现了一种比环形泡沫更加奇怪的泡沫。当时他正在往平静的水面上滴肥皂液，研究停留在水面上的液滴。它们有时只停留几秒钟，一层空气薄膜就将它们与水隔开了。但液滴掉下水后，偶尔会在水面形成一个小坑，然后在水面以下闭合。液滴被一层球形的空气膜包裹着，在水中向下漂去。持续大概一分钟后，它那脆弱的空气膜就会破裂。

这就是反泡沫，它们的结构与肥皂泡正好相反。反泡沫的空气膜非常薄：通常情况下是0.01~0.1毫米。有时你会在它上面看到像肥皂泡表面条纹那样的干涉条纹，使它呈现出粉色和绿色的纹样。反泡沫是有浮力的，但因为包含的空气太少，上升的速度很慢。不过，这也使它们能够拥有非常独特的完美球形。

就像肥皂泡一样，反泡沫的空气膜变得太薄时，反泡沫就会破裂。在肥皂泡中，水膜逐渐向下汇集，所以肥皂泡会从最薄的顶部开始破裂。但反泡沫的情况恰恰相反。薄薄的空气膜会向上汇集，所以它们通常从底部开始破裂。

反泡沫很奇怪，而且它的形状可能是现存的泡沫中最奇怪的。但纵观历史的大部分时间，人们并没有花太多时间关心泡沫的样子，而是更关心它们的活动。对泡沫的第一个发现是：液体中的气泡总是会上浮。

# 香槟引擎

泡沫上浮是因为其中的气体的密度低于周围液体的密度。但是，泡沫不只是从液体中浮起，它还会带着一些液体与之一起上浮。在一种非常有名的气泡饮料中，这种情况尤其明显。

有证据表明，早在公元前 6500 年的中国，就有人制造出了发酵饮料。如果他们当时是在气体逸出之前饮用这种饮料，那么这可能是世界上最早的"汽水"。如今，香槟是大众喜闻乐见的一种含泡沫饮料，而且香槟里的泡沫不光是一种装饰。

一只传统香槟酒杯的侧面必须是完全光滑的，但杯底的中心往往有一道蚀刻的印记。对溶解在香槟酒中的二氧化碳来说，这些微小的划痕是它们从酒中逃离并形成泡沫的完美场所。泡沫上浮时，会排列成非常细的气柱，但它们不只是自己从液体中浮上去，还将周围的一些香槟酒一起拖上去。当这些泡沫到达杯子顶部时，会在水面停止，但液体会向四周流动，然后从侧面流回底部。所以在酒杯中，泡沫就好像在驱动一台液体引擎，使香槟酒液在杯子里循环流动。杯子越高，这种引擎运作得越快。表面的液体不断更新，使气味分子从酒中飘到空气中，然后飘到饮用者的鼻子中。一些气味分子也聚集在泡沫表面，当泡沫破裂时，会产生一股气流，将香气向上送入空气中。

在一个小玻璃杯里很容易观察这一现象，但需要注意的是，同样的过程也发生在地球浩瀚的海洋中。

**右图** 香槟酒杯里不断上浮的泡沫驱动着一个看不见的引擎。

# 百慕大三角区的神秘泡沫

一直有一种说法认为，导致百慕大三角区船只神秘失踪的元凶可能是甲烷渗漏产生的泡沫羽流。也就是说，当海底发生泥石流或海床突然断裂时，会快速释放大量甲烷气体。当这些气体到达海面时，海水中短时间内充斥着大量气泡，海水的浮力无法支撑船只，进而导致该海域的船只沉没。

有两个理由可以让我们摒弃这个无稽之谈。

第一个理由是，作为大西洋上的交通枢纽之一，百慕大三角区每天有大量船只经过。所以，虽说这里失踪的船只数量比较多，但从比例上看，船只在百慕大失踪的可能性跟在其他海域失踪的可能性差不多，没有什么无法解释的神秘之处。

第二个理由是，从深处释放的气体不太可能使船只沉没。因为就像在香槟酒杯里一样，上浮的泡沫会把周围的水一起向上拖曳，但是深处上升的气体会形成一个瞬时的羽流。被向上拖曳的水会从水面喷发，形成一个暂时的泡沫穹顶。用比例模型进行的计算和实验表明，海水向上的冲力不仅会补偿由于水中泡沫过多造成的浮力损失，还会把船向上和向外推。如果羽流中心偏离一侧，船只可能会轻微倾斜，船舶的设计者在设计船舶时就想到了如何应对这一问题。

总之，我们的结论是：泡沫不会导致船只沉没。不过，有时泡沫本身可能会向下移动，最出名的例子是吉尼斯世界纪录的创造者——吉尼斯牌黑啤酒中的泡沫。

## 上浮还是下沉?

在液体中，基本上所有的泡沫都会上浮，只是上浮的速度不尽相同。为了向上移动，每个有浮力的泡沫都必须把周围的水推开。泡沫运动的阻力与其表面积成正比，但浮力与其体积成正比。因此，大泡沫遇到的阻力要比浮力小得多，上升得更快。如果把一杯水倒进一个深水箱里，可以看到较大的泡沫快速地浮上水面，而较小的泡沫则会落在后面。

可是，爱喝酒的人会发现，吉尼斯牌黑啤酒中的泡沫没有上浮，反而会下沉。这是因为，首先，吉尼斯牌黑啤酒中溶解的气体大部分是氮气，它们是在发酵过程结束后添加的，氮气中的泡沫很小，直径大概只有 0.1 毫米（所以堆在一起的泡沫看起来像是致密诱人的奶油，赏心悦目）。其次，把吉尼斯牌黑啤酒倒入杯中时，杯底会产生许多泡沫，并上浮，将中间的液体向上拖曳。由于酒杯的形状，被带上去的液体被一层沿杯壁向下流动的外层液体取代，同时，这一外层仍然含有许多只能缓慢上升的微小泡沫。于是，外层液体带着泡沫向下的速度比泡沫上浮的速度更快。所以从我们的角度看，泡沫好像在下沉。

我们无法仅仅通过视觉观察判断泡沫里面有什么气体。但是，就像吉尼斯牌黑啤酒中的氮气泡一样，有时可以从其形成过程以及活动方式中得到一些线索。

**右图** 接近酒杯杯壁的外层酒液带着泡沫下沉，于是整体上泡沫看起来是向下移动，因为外层液体向下流动的速度比泡沫上升的速度快。

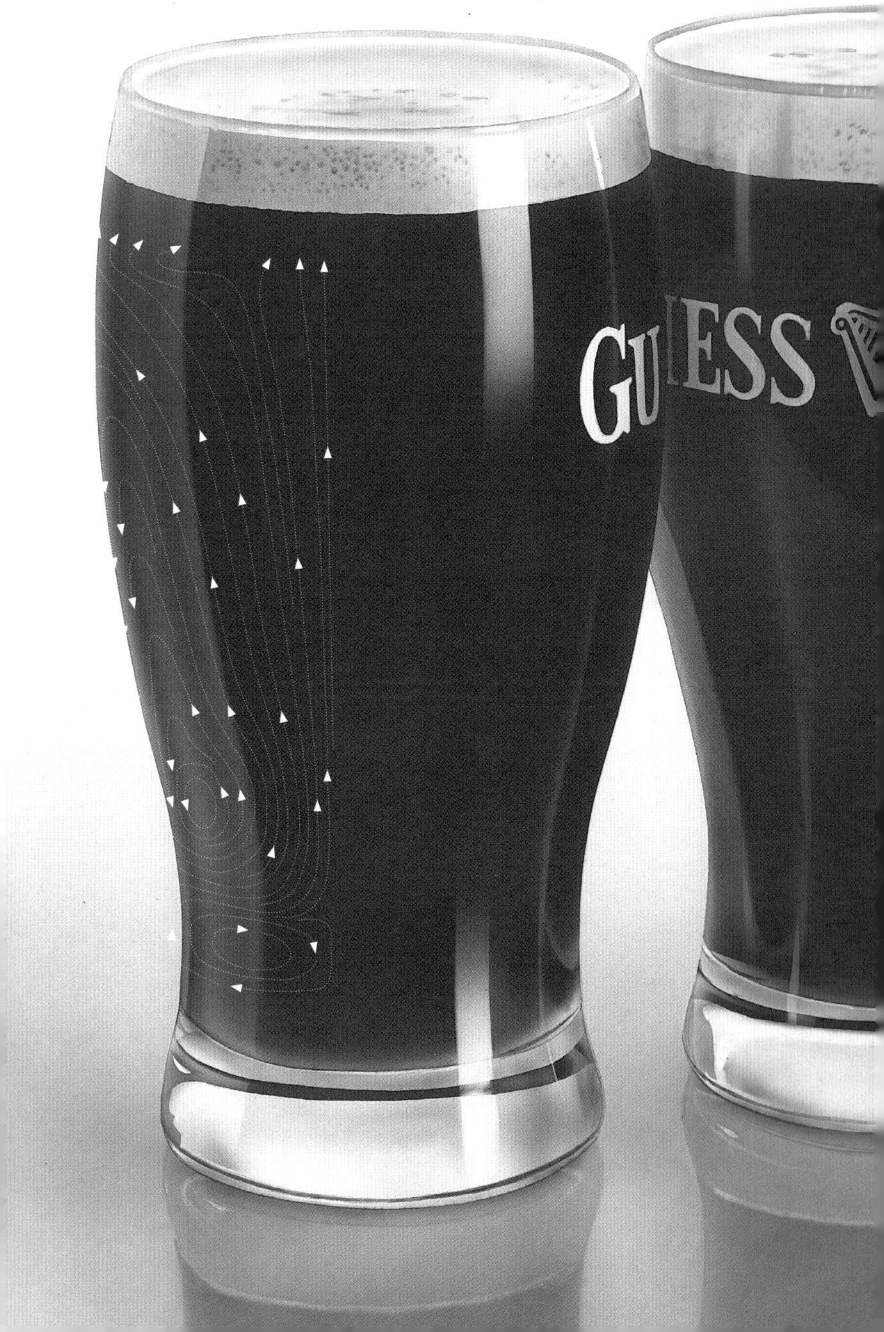

## 蒸汽泡沫

一般人会认为泡沫中的气体和它周围的液体一定是由不同的分子组成的，所以才不会融合在一起。但是，也有由同一种分子构成但不融合的情况，最常见的例子是沸水。

热爱烹饪的人可能会注意到，往烧热的平底锅里倒入热水时，水的边缘会形成一些微小的泡沫。它们是由溶解的空气（主要是氧气和氮气）构成的，当水受热时，这些气体会从水中逸出。虽然此时水还没有沸腾，但是热量确实会使这些气体从水中逸出。

平底锅底部的水首先升温，然后上升，让上面较冷的水下沉并取而代之。较冷的水和较热的水在这个过程中混合，整个锅的温度以大体一致的速度上升。但很快，当锅底达到一定温度（在一个标准大气压的情况下是 100 摄氏度）时，靠近平底锅底的水到达沸点，热水有足够的能量转化成气体。锅底部生出一个泡沫，里面充满刚产生的气态水分子。当泡沫变得足够大时，就会从底部漂起来。但是它很快会到达温度较低的水那里，能量被带走，气态水分子因此冷凝成液体。于是，这个泡沫在到达水面之前就砰的一声破裂了。只有当整锅水都达到沸腾温度时，泡沫才能一直浮到顶部。所以，烧水的时候，水在沸腾之前声音最大。

蒸汽泡沫破裂时发出的声音还会比这大得多，但若是说到泡沫发出的声音，下面这位"铁钳杀手"制造的泡沫所发出的声音则意味着致命一击。

# 鼓虾

　　鼓虾的体形非常小，但折腾起来动静可一点不小。它们的身上长着一件可以重创对手的秘密武器。每只鼓虾都有一个与其体形不符、像拳击手套一样圆润结实的大钳子。当钳子啪的一声合上时，里面的水通过一个狭窄的孔喷出来，形成一个小漩涡环，同时一股冲击力很大的水流会从漩涡环的中心喷涌而出。这股水流可以击倒一条小鱼或一只甲壳类动物。它们可能根本不知道是谁发出的攻击，就稀里糊涂地成了鼓虾的"晚餐"。

　　随着这股水流而来的，是一个与泡沫相关的连带效应，那就是使鼓虾得名的声音。这个泡沫内部充满了水蒸气，但这些水蒸气不是由于温度升高而形成的（如在烧开水的水壶中），而是由于压力下降而形成的。这个泡沫被称为"空化气泡"或"空泡"。当漩涡环形成时，它的中心压力骤降，使得水被撕裂开，巨大的压力会拉开一个洞，洞中立刻充满气态水分子。这种情况非常壮观，但也很短暂，巨大的外部压力会在不到 1 毫秒内将水推回，压缩气泡内的气体，并将其加热到 5000 摄氏度左右。在转瞬即逝的 10 纳秒内，它的温度会高到发出光亮。而噼啪声是泡沫破裂时发出的，它提醒我们，即使是一个微小的泡沫，也不应被小瞧。

　　不过，能制造出空泡的不仅有鼓虾，我们人类也能做到。

# 掰手指

有些人喜欢把指关节掰得噼啪作响。虽然这种行为有时会让周围的人感到紧张，但没有证据表明这么做会对手指造成任何伤害。指关节内的空间含有滑液，当拉手指时，指骨之间的间隙会增大。当掰手指时，关节内的压力持续增大，直到出现空泡。这和鼓虾的钳子制造空泡的作用机理是一样的，因为泡沫无法承受张力，所以骨头之间的缝隙会弹开，只是这里是因为泡沫形成得太快而引起了噼啪声。泡沫完全溶解可能需要20~30分钟。在此期间，如果再重复掰同一个指关节，就不会发出声音了。

在唐纳德·昂格尔还是个孩子的时候，母亲和几个阿姨经常告诫他，不要总掰指关节，那样会得关节炎。唐纳德不信，在接下来的50年里，随着日渐长大，他坚持一天掰两次左手指关节，但不掰右手指关节。在掰手指之余，他通过努力"顺便"成了一名医生。50年后，他的两只手都没有得关节炎。于是，他给医学杂志投稿，描述了自己的这项长期观察，这又增添了一份证据，表明他母亲和几个阿姨的观点是错误的。2009年，他因这项成果而被授予搞笑诺贝尔奖。

虽然昂格尔先生精神可嘉，但我个人不建议大家拿自己做这种试验。

## 泡沫的声音

日常生活中的泡沫也能发出声音。水下的泡沫看起来很美，但只有当你倾听它们的声音时，才算是真正认识了它们的全部。如果你注意过水倒进玻璃杯的声音，欣赏过小溪发出的潺潺流水声，甚至听到过你肚子里的咕噜声，那么你听的都是泡沫发出的声音。泡沫在破裂的那一刻常常发出像敲钟时一样的响声。它们在破裂的一瞬间，会短暂地变成尖锐的梭形，然后表面张力会迅速将尖头向内拉，就像用锤子敲击钟一样。泡沫几乎会发出一个纯粹的音符，与真正的钟一样。泡沫越大，发出的音就越低沉。这就意味着，如果你仔细听，就能根据破裂的声音判断泡沫的大小。

管弦乐队为了调试音准，通常会试奏一下标准音 A（la）这个音。现在，国际上公认的标准音 A 的频率是 440 赫兹。要想让一个泡沫发出这个音，它的个头不会太小，如果它是球形的，其半径需要有 7.4 毫米。如果把泡沫的半径减半，它发出声音的频率将加倍。

日本人根据泡沫发出声音的原理制造了一种庭院装饰，也是一种乐器，叫作水琴窟。其基本原理是将陶瓷或石质器皿扣在地上，形成一个空腔，在上面铺一层水。水滴落在水面上形成泡沫时，空腔会发出悦耳的声音。

有趣的是，泡沫不仅会自己发出声音，还会对穿过它们的声波做出反应。

**右图** 当泡沫破裂时，你会听到噼啪声。

# 看不着，听得到

泡沫是一种巧妙的声学物体，其内部的气体是可以压缩的。但外部的水却很难压缩，即使在海洋的最深处，压力是大气压的1000倍，水仍然有其正常体积的95%。相比之下，如果你给海平面上的气体增加一个额外的大气压，它的体积就会减半。

当你听到一个泡沫发出响声时，其本质是它在震动，体现为非常轻微的收缩和膨胀。所以，泡沫里面的气体会随之先压缩，后膨胀。气泡膜推拉周围的水时，会对外发射声波。

在这个过程中，即使在泡沫很小且泡沫非常少的泡沫水中，声音的传播速度也会受到液体的影响。

如果你轻敲盛满热水的水杯底部，会听到一个清晰的音符。如果加入速溶咖啡或热巧克力粉，再轻敲一次，会听到一个更低沉的音符，因为咖啡或热巧克力粉形成的泡沫会减慢声音的传播速度。搅拌一下咖啡，等泡沫消失后再敲，音调就又会变高。

这种现象在检测管道或水箱时非常有用，因为在这些地方，检测人员看不到里面的情况，但可以通过泡沫发出的声音，间接判断里面的情况。虽然只能从音高的变化中得知里面有很多微小的泡沫，但还可以用其他类型的声音来探测水，以获得更多细节。

# 声学"节日灯"

在陆地上，一般来说，我们要想知道周围发生了什么，最好的方法就是看一眼。但是，光在水中传播的距离有限，所以在海洋中，使用声音来探测周围环境通常更好。人类、鲸和海豚会使用声呐来扫描周围环境，其原理是发出声音并监听回声，以此探知周围的情况。

对于任何使用声呐的人或动物来说，泡沫就像小小的节日灯一样闪烁。如果泡沫的固有频率（它像铃铛一样发出声响时的音高）和声呐发出声音的频率相匹配，泡沫就会尤其"显眼"。对于像我这样的海洋泡沫科学家来说，这种方法用处很大，它可以让我在不干扰泡沫的情况下数出不同大小的泡沫的数量。

不过，如果对于一艘试图从潜艇旁边溜过去的船，声呐将会使船的航行轨迹暴露无遗。当海军第一次在潜艇上使用声呐时，很快就发现，海面上的船尾的泡沫尾迹就好像在声呐屏幕上画了一个箭头，指向目标，因为泡沫散射声音的能力非常强，在数英里[1]外都可以被探测到。

对鲱鱼来说，就更麻烦了。很多鱼有一个鱼鳔，相当于充气袋，可以帮助它们控制浮力。但这实际上是一个泡沫，所以对于使用声呐的鲸来说，从身旁游过的"晚餐"就像是黑暗中被它们自己的声学"点亮"的一支"蜡烛"。现代的渔民也用声呐来精确定位鱼群。如果你想躲在海里，不要把自己伪装成泡沫。

现在我们知道，泡沫对声音的反应非常强烈。下面，我们来看看它与光又会有怎样的相互作用。

---

1　1英里≈1.61千米。——编者注

# 瞧！有泡沫！

我们似乎忽略了一个很重要的问题：既然空气和水都是透明且无色的，我们为什么能看到泡沫呢？当你把一个看不见的东西放在另一个看不见的东西里时，比如在看不见的液体里放一小团同样看不见的空气，不应该也是什么都看不见吗？

但事实并非如此。水虽然透光，但也会轻微改变光的传播方向。当光穿过空气和水的边界时，会发生转向（物理学家称之为折射）。光的入射角度越大，在边界处的转向程度就越大。光穿过水离开的时候，会转向另一个方向。所以，光线的路径有两个节点，一个是它进入泡沫的地方，另一个是它离开泡沫的地方。如果光线以很低的角度照射，它甚至会像照射到镜子上一样从泡沫表面反射回来。

仔细观察泡沫，你会发现有些地方照射过来的光线比较多，而其他地方的比较少。球形水下泡沫的外部通常有一个暗环，因为该区域的光要么被气泡壁反弹走了，要么发生了偏转，从其他地方穿出。其实你看不到泡沫本身，但可以看到有东西让其周围的光发生了偏转。这个东西就是泡沫。

泡沫虽美，但这种美纯属偶然。泡沫本身是不可见的，但它塑造了经过的光，因此暴露了自身。当成千上万个泡沫聚集在一起时，泡沫对光的影响最为明显。

# 为什么泡沫总是白色的？

如果许多泡沫在液体中形成，但各自独立，彼此粘连着而不是融合在一起，这种新的气液结构被称为水沫。鲜奶油、啤酒泡沫和浴缸中的泡沫都是水沫，而且它们几乎都是白色的。这让世界各地的小孩子都很失望。

空气和水的边界在泡沫中比比皆是，光在气泡结构中蜿蜒前进，不断地被折射和反射。泡沫之间的液体壁非常薄，因此无论其中含有什么染料，泡沫都不太可能呈现出任何颜色。最终，一些光线会找到出口，虽然它们的方向改变了很多次，但本身并没有被改变。所以沐浴泡沫看起来总是白色的，因为进入的光线和出来的光线是一样的。

在奶油泡沫中，例如在热巧克力最上面一层，泡沫周围的蛋白质和中间的脂肪滴有助于容纳更多的液体，使其更透明。这时有足够的液体和脂肪吸收一些光线，使奶油泡沫呈现出淡淡的巧克力色。

据说埃及艳后克娄巴特拉为了保持肌肤白嫩，每天用驴奶沐浴。如果当年的她能把现代的彩色泡沫沐浴液加入充满驴奶的浴缸中，必能享用一场与其惊世美貌相媲美的泡泡浴。但是，即使泡沫不是五颜六色的，它们仍然很有趣，因为所有那些粘在一起的泡沫拥有肥皂水所没有的东西，那就是结构强度。

## 美味的泡沫

泡沫食品随处可见：慕斯、冰激凌、鲜奶油、蛋奶酥和酥皮蛋糕的表层。我们喜欢泡沫食品，是因为它们的独特"口感"——食物的结构围绕着泡沫重新进行了组合。这种新的结构让我们想到了如奶油般细腻、丰富的味觉享受。这种结构完全基于每个泡沫的表层——一层薄薄的分子或粒子，为内部的气体创造了一个有弹性的外壳——而构建。

如果把一个金属勺子平放在一杯卡布奇诺咖啡的顶部，使勺子在其中心，勺柄搁在杯沿上，勺子会在泡沫层上停留几秒钟再沉下去；相比之下，如果把勺子放在纯粹的牛奶或空气中，勺子会立刻沉下去。每一个微小的泡沫（直径大约为 0.1 毫米）被包裹在蛋白质涂层里，就像气球一样，如果受力，还会产生反作用力。液体和气体的结合形成了一种特殊结构，受到外力时，它会表现出某种固体的特征。

制作泡沫食品的诀窍是，在一种适当混合蛋白质或脂肪的液体中制造出微小的泡沫，从而形成发泡涂层。在蛋清中，发泡涂层都是蛋白质，而在鲜奶油中则是脂肪。但如果蛋白质和脂肪同时存在并相互竞争，泡沫结构很可能会消解。

食品科学家非常钟情于制造泡沫，因为即使食物中的脂肪含量不高，但只要有一层泡沫，就会让食客的大脑相信他们吃的是富含脂肪的食物。他们还研究出了人工添加发泡涂层技术，使泡沫得以维持更长时间。

## 泡沫万岁!

不只是打发的奶油或蛋清中的泡沫有涂层,所有肥皂泡都有,大多数单个的水下泡沫至少有一部分涂层。世界上不可能存在表面上的水直接接触空气的泡沫。这是因为许多分子的一端倾向于留在水中(亲水性),另一端则倾向于远离水(疏水性)。脂肪分子和蛋白质分子就属于这一类,肥皂分子和洗涤剂分子也是如此。当泡沫在水中上升时,会把它碰到的所有这些分子都搜罗过来。一旦这些分子黏附在泡沫表面,疏水和亲水的两端就会稳定,因此分子会保持静止。这种涂层有助于让泡沫存在更长时间,晚一些再破裂或溶解。

一个完全没有涂层的泡沫会被自身的表面张力(类似于气球的弹性壁)挤压,增加泡沫内部的压力,迫使内部的气体溶解在水膜中。一个这样的泡沫在不到一分钟的时间内就能把自己挤破。但是,泡沫的涂层提供了稳定性,特别是当有小颗粒物体嵌入其中时,它会通过降低表面张力,防止泡沫被挤没。有涂层的泡沫可以维持数小时,有时甚至数天。你可以用长期存在的泡沫做很多事情。

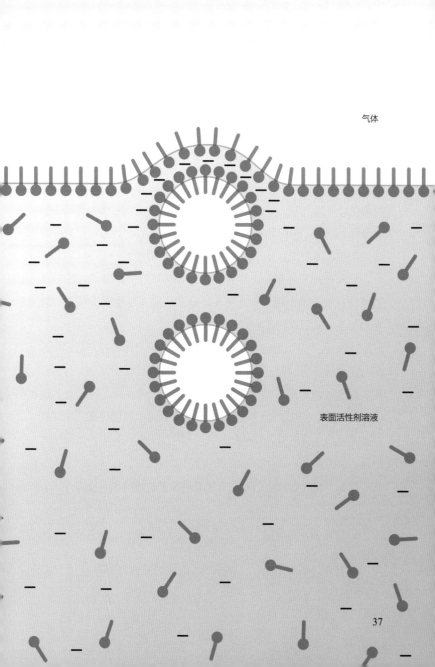

气体

表面活性剂溶液

37

# 医疗泡沫

如今，人们正在研发一种特殊的泡沫涂层，使非常微小的气泡也能变得非常稳定。这样一来，它们就可以被冻干，放进罐子，然后储存起来。这就是泡沫科学与医学的结合点。

在医学上，泡沫的最初用途是制造一种叫作超声造影剂的东西。超声扫描仪是一种用于探测人体的声呐。高频率的声音被发送进人体内，通过监测回声，医生就能知道你身体的内部构造。如果将非常微小的气泡（被称为微泡）注射到血液中，它们会在超声波扫描仪上发光，就像鱼鳔在声呐图像上发光一样。医生可以跟踪泡沫，实时跟踪血流，并在扫描时使细节更加清晰。

有人进一步想到，既然所有这些微小的气泡都必须有涂层才能维持足够长的时间，那么何不让这些涂层本身也附带某种疗效呢？于是，科学家们开始将药物加入泡沫涂层中。如果涂层中还包括磁性粒子，则可以使用外部磁铁将微泡拉向身体的特定区域。标准的超声波使泡沫轻轻地振动，刚好足以显示它们的位置。但是，聚焦的超声波可以对准一个特定的点发挥作用，这会使该点的泡沫产生巨大的振荡，迫使它们急剧膨胀和收缩。这样一来，泡沫就能在需要的地方破裂并释放药物。这些疗法仍在研发中，但未来有巨大的潜力。

泡沫不仅仅对我们的身体有用，对我们的地球也很重要。

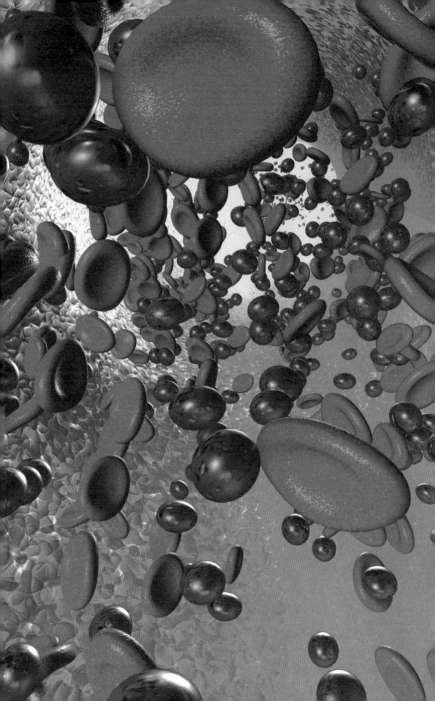

# 海洋中的泡沫

　　地球上的大多数泡沫都在海洋中，是由海浪形成的。说到海浪，我们通常会想到在岸边的海浪，但大多数海浪都在遥远的海上。在那里，强风在海面上横冲直撞，制造出海浪。如果海浪升起时非常高，下落时拍击海面，就会包住一些空气，并带着它们一起下沉到海洋中。在海面上出现的成片的气泡被称为"白浪"。用英国作家拉迪亚德·吉卜林（Rudyard Kipling）的话来说，它们就像是"海上的一群脱缰的白马"。海面上的泡沫只是海浪产生的一小部分泡沫，海面下还隐藏着由许多水下泡沫组成的羽流。

　　淡水湖和海洋中的波浪都会形成泡沫，但只有在海中，波浪才会产生可见的白浪。这是因为泡沫在相互碰撞时，受海水中的盐分阻碍，无法结合，而会互相弹开。因此，这些含盐的泡沫一直很小且相互独立存在，并能在海水表面形成稳定的白浪。在淡水中，泡沫很快就会结合在一起，较大的泡沫一旦到达水面就会破裂，因此不会形成白浪。

　　海底的某些地方会有甲烷逸出，也会形成泡沫。另外，在某些海域，比如美国加利福尼亚州海岸线旁，圣巴巴拉海峡中的海上钻井平台附近，由于平台对海底的勘探活动，也会有接连不断的泡沫从海底涌出。

　　更令人称奇的是，这些海洋中的泡沫不仅改变了海洋的面貌，还能帮助海洋"呼吸"。

# 作为交通工具的泡沫

在海洋表面，泡沫像载运货物的汽车一样不断在大气与海洋之间输送气体和粒子。当海浪拍打海面时，会把一小团空气带进海洋，一部分空气分子会溶解到水中。人类燃烧化石燃料时会向大气中排放额外的二氧化碳，这些二氧化碳中有大约四分之一会被海洋吸收，从而降低了大气中二氧化碳的含量。在这一过程中，泡沫起着重要的作用。

泡沫在海洋中上浮并回到表面时，也会收集有机质。白浪中的泡沫会携带一层由碳水化合物、蛋白质、凝胶碎片、微小颗粒、病毒以及细菌组成的涂层。当这些泡沫破裂时，它们以两种方式将液体喷射到空气中。第一种方式是通过泡沫的"帽"，即凸出其表面的弯曲薄膜。泡沫的"帽"会破碎成许多微小的水滴，随后被风带走。在第二种方式中，没了"帽"的空腔转过来并向上喷射水柱，水也可以分裂成水滴。泡沫涂层跟着这些水滴一起被向上喷射，当水蒸发时，泡沫涂层中的海洋黏液的微小碎片会飘浮在风中。这些微小粒子被称为气溶胶，它们会向上漂移，影响光在大气中的传播方式，也影响云的形成。

单个泡沫与我们的星球相比微不足道，但因为它们数量众多，所以成了地球上海洋-大气引擎的重要组成部分。除此之外，还有另一种类型的泡沫也可以向我们传达地球过去的信息。

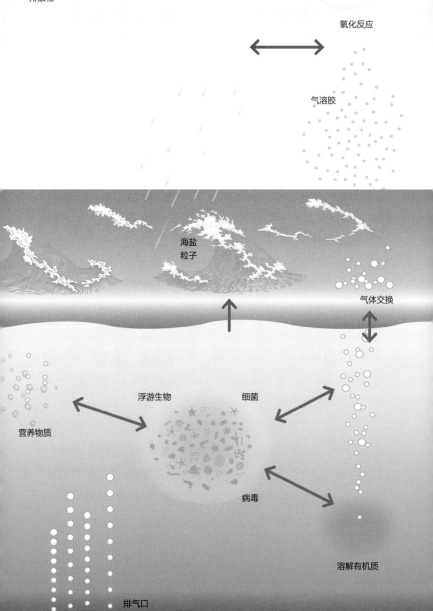

排放物

氧化反应

气溶胶

海盐粒子

气体交换

营养物质

浮游生物

细菌

病毒

溶解有机质

排气口

# 泡沫时间胶囊

泡沫不仅可以在空间中充当运载工具，它们承载的东西还可以跨越时间。日复一日，落在南极洲和格陵兰岛大冰原上的新雪覆盖了之前的积雪层。随着雪的堆积，冰被压缩了。虽然空气可以在顶部蓬松的雪层间穿梭，但一旦冰雪厚度达到80~100米，雪中的空气就会被压缩到一个个封闭的"小口袋"里，形成泡沫。这些微小的泡沫被困在冰里，变成了大气中的时间胶囊。

科学家们会通过工具在冰层中钻取又长又细的垂直冰柱（也叫冰芯），以此来了解过去的信息。泡沫内的空气可能有几十万年的历史，我们可以从中了解过去的气候变化情况。

如果科学家们没能及时获取并研究这些泡沫，这些被困的泡沫和它们冰冷的牢笼就会慢慢地以冰川的形式流向海岸。数千年后，它们可能会从冰川边缘脱离，形成冰山。这就是当人们靠近漂浮的冰山时，经常能听到咝咝声的原因。冰泡中的空气承受着巨大的压力，当冰壁在海洋中融化时，每一团来自古代的空气都会伴随着响亮的砰的一声而重获自由！咝咝的声音昭示着过去的泡沫在与现在的海洋相遇。

在自然界的任何地方，你都可以看到泡沫。它们就像世界舞台上看不见的群众演员，不断在台前幕后忙碌着。多年来，它们一直是远在天边，近在眼前，却很少有人注意到它们竟然如此重要。接下来，即将有一位神秘嘉宾登上舞台与泡沫共舞，它就是人见人爱的动物界大明星——企鹅。

# 进击的企鹅

帝企鹅游泳时动作的优雅敏捷与它在陆地上运动时的笨拙形成了鲜明对比。但和所有超级大明星一样，帝企鹅藏了一手绝活。对帝企鹅来说，它的绝活就是它的"泡沫斗篷"。

为了从寒冷的南极海水中跃起上岸，企鹅必须在海中游得很快，以便在冲出水面时，有足够的动力冲上冰块。同时，它们还要小心在浅层徘徊的斑海豹和其他食肉动物，所以它们游得越快，生存的概率就越大。在这一关键时刻，如果用高速摄像机抓拍企鹅上岸的画面，就会发现它们在跃起时，身上覆盖着一串串泡沫，还在天空中拖出一道由泡沫组成的长尾。这些泡沫就是企鹅能够飞跃的秘密武器。

在下水之前，企鹅们会把羽毛抖蓬松，在里面储存一些空气。接着，它们摇身一变，成了花样游泳运动员，在冰下 15 或 20 米处捕猎。一旦抓到猎物，它们就开始返回水面。这是一次冲刺，速度决定一切。在快速向岸边冲刺的过程中，它们浑身的羽毛贴紧身体，释放出之前储存的空气，使身体包裹在泡沫中，就像穿了一件"泡沫斗篷"。这个方法减少了水的阻力，使企鹅能够以比一般情况下快两倍以上的速度向岸边游去。对这样一个柴米油盐般的平淡问题来说，企鹅真是给出了一个非常优雅的解决方案。

科学家们正致力于将同样的原理应用到船舶上，以帮助提高燃油的使用效率。从理论上来说，这是一个高明的想法。但是我们没法给船舶安上羽毛，所以在特殊泡沫涂层普及之前，仍有一些实际问题需要解决。

# 泡沫的未来

泡沫随处可见，但其本质的每一个细节都体现其物理上的丰富性。我们花了几十年的时间来理解泡沫的性质及背后原因，但仍有大量的秘密有待探索。不过，振奋人心的是，现在我们已经开始擅长利用泡沫作为工具。它们不仅仅是孩子们的玩具，而且正在成为现代世界最重要的组成部分。只有当我们学会利用它们的特性时，其潜力才会继续被实现。无数基于泡沫的新技术正在开发中，它们涉及食品、清洁、医药、能源生产以及几乎任何你能想到的领域。不管我们能不能看到它们，能不能听到它们，泡沫时代都即将到来。

除了所有的高科技应用，泡沫对每个人来说，都是一种有趣的玩具。它可以逗笑孩子，可以发出砰砰声，可以玩，可以听，还可以让人们在泡泡浴中放松，在大快朵颐时喝一瓶汽水。在生活中，一串串肥皂泡总是伴随着溪流欢快的潺潺声。我们要欣赏生活中的泡沫，它们可能转瞬即逝，但却让人着迷，令人惊喜，而且美丽至极。

# 拓展阅读

Gérard Liger-Belair, *Uncorked: The Science of Champagne* (Princeton University Press, 2013).

Helen Czerski, *Storm in a Teacup: The Physics of Everyday Life* (Transworld, 2017).

Helen Czerski, *POP! The Science of Bubbles* (BBC4, 9 April 2013).

# 致谢

感谢加利福尼亚州斯克里普斯海洋研究所的格兰特·迪恩博士，是他引领我开启探索泡沫奇妙世界的旅程。在我获得（另一个学科的）博士学位之后，他邀请我和他一起在斯克里普斯从事研究工作，教我关于泡沫和泡沫声学的知识，并推荐我进了海洋研究所。这是一个美好的地方，使我沉浸在海洋科学中，而且还有格兰特这样一位出色的导师。非常感谢他给我这个机会。